GRIN

Bibliografische Information der Deutschen Nationalbibliothek:

Die Deutsche Bibliothek verzeichnet diese Publikation in der Deutschen National-
bibliografie; detaillierte bibliografische Daten sind im Internet über http://dnb.d-
nb.de/ abrufbar.

Impressum:

Copyright © 2012 GRIN Verlag, Open Publishing GmbH
Druck und Bindung: Books on Demand GmbH, Norderstedt Germany
ISBN: 9783668217355

Daniel von Kirchner

Das Bohren nach DIN 8580. Entwerfen, Konstruieren, Fertigen

Eine Einführung in die Fertigungstechnik

GRIN Verlag

Carl von Ossietzky Universität Oldenburg
Fakultät II
Informatik, Wirtschafts- und Rechtswissenschaften

- Institut für ökonomische und technische Bildung -

Das B o h r e n nach DIN 8580

Seminar:
Entwerfen, Konstruieren, Fertigen –
Eine Einführung in die Fertigungstechnik

 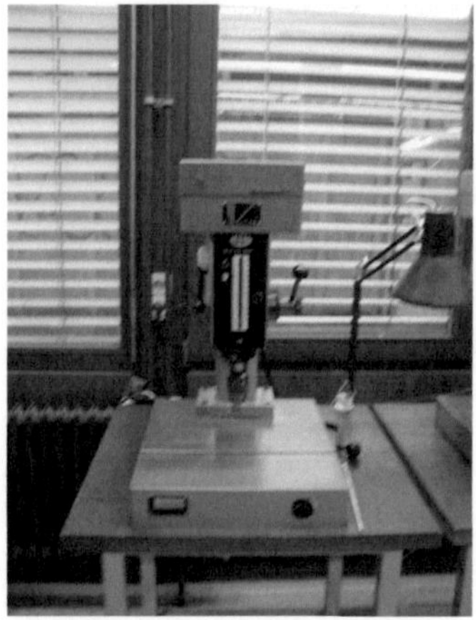

D a n i e l   v o n   K i r c h n e r

Lehramt: Haupt- und Realschule

Inhaltsverzeichnis

1. Einleitender Gedanke

Im Rahmen der Veranstaltung „Entwerfen, Konstruieren, Fertigen – Eine Einführung in die Fertigungstechnik", beschäftigen sich das Hauptseminar des Fachbereichs Technik unteren anderem mit dem Fertigungsverfahren Trennen, wozu auch das Bohren in seiner Art zuzuordnen ist. Um einen vertieften Einblick in das „Verfahren Bohren" zu bekommen, entschloss ich mich, mich mit diesem Thema näher zu beschäftigten.

Im Verlauf meiner Hausarbeit möchte ich den Begriff DIN zunächst näher beleuchten und die einzelnen Fertigungsverfahren aufzeigen. Anschließend möchte ich erläutern, wie der Bohrvorgang entstand und die verschiedenen Bohrverfahren darstellen. Im Weiteren versuche ich den Bohrvorgang zu klären und beschreibe wichtige Bohrwerkzeuge. Am Ende dieser Hausarbeit möchte ich erläutern, warum man das Bohren und die Bohrmaschine in der Schule einsetzen kann.

1.1 Definition der Begrifflichkeit DIN:

Das Deutsche Institut für Normung (kurz DIN) ist keine staatliche Instanz, sondern ist ein Verein der 1917 gegründet wurde. Sein Hauptsitz ist in Berlin. Die DIN Normen sind Regeln der Technik und dienen im allgemeinen der Rationalisierung, der Qualitätssicherung, der Sicherheit, dem Umweltschutz und der Verständigung in Wirtschaft, Wissenschaft und Technik. Fertige Normen werden alle 5 Jahre auf ihre Aktualität überprüft.

„Normung ist die planmäßige, durch die interessierten Kreise gemeinschaftlich durchgeführte Vereinheitlichung von materiellen und immateriellen Gegenständen zum Nutzen der Allgemeinheit."[1]

1.2 Definition des Begriffs Fertigungsverfahren:

Unter der Begrifflichkeit Fertigungsverfahren versteht man die Wandlung eines Rohzustandes in einen Fertigzustand.

Die Überführung der Rohform über Werkstückzwischenformen zur Fertigform sollte in einer möglichst geringen Anzahl von Zwischenformen erfolgen.

---

[1] DIN 820 Teil 1 Deutsches Institut für Normung e.V. (www.DIN.de)

Aufgabe der Fertigungstechnik ist es, geometrisch bestimmte feste Körper (z.B. Werkstücke, Produkte, Halbzeuge) mit vorgegebenen Eigenschaften durch Anwendung von verschiedenen Fertigungsverfahren herzustellen.

2.0 Gliederung der Fertigungsverfahren

Der Arbeitsablauf in der industriellen und handwerklichen Fertigung wird durch fertigungstechnische und wirtschaftliche Gesichtpunkte bestimmt.

Werkstücke werden in zahlreichen und unterschiedlichen Fertigungsverfahren hergestellt. Dieses geschieht, indem Stoffe *urgeformt, umgeformt, getrennt, gefügt* oder *beschichtet* werden oder ihre *Stoffeigenschaft geändert* wird. Bei der Herstellung des Werkstückes kommt es ganz individuell; auf das angewandte Verfahren betrachtet; darauf an, ob der Werkzusammenhalt erst geschaffen werden muss, ob er vermehrt oder vermindert oder ob die geometrische Form verändert werden soll.

2.1 Hauptgruppen der Fertigungsverfahren nach DIN 8580:

Die Fertigungsverfahren werden in 6 Untergruppen eingeteilt.

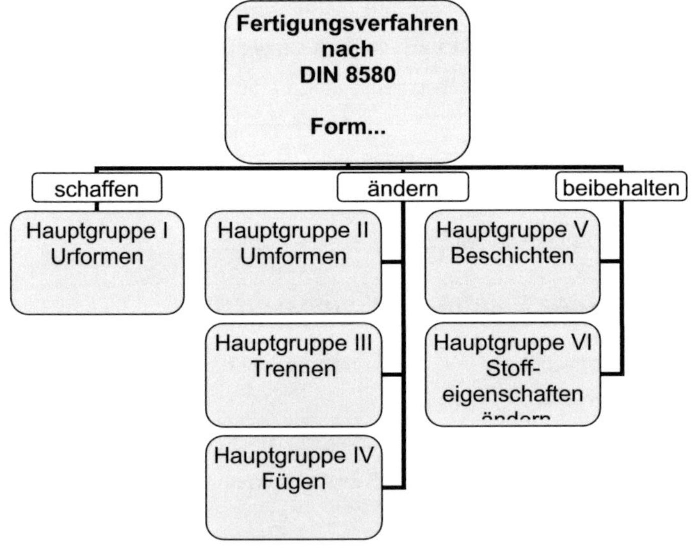

Beim Trennen (vgl. Hauptgruppe 3) von Körpern, wird die Form des Werkstücks geändert. Möglichkeiten innerhalb des Trennens ergeben sich z. B. durch:

⇨ zerteilen

⇨ spanen mit geometrisch bestimmten (Drehen, **Bohren**, Sägen) und unbestimmten Schneiden (schleifen, honen, läppen)

Zum Spanen mit *geometrisch bestimmten Schneiden* zählt auch das *Verfahren des Bohrens.*
Auf dieses Verfahren möchte ich im weiteren Verlauf der Ausarbeitung näher eingehen.

3. Bohren

3.1 Allgemeines

Bohren geht auf eine bemerkenswerte Konstruktion zurück. Die drehende Bewegung war von den Menschen schwierig ausführbar und so entwickelte man eine Konstruktion, mit deren Hilfe man effektiver und schneller arbeiten konnte. Als Antrieb für die Bohrbewegung nutzte man einen „Schnurzug" oder auch einen „Fidelbogenantrieb". Mit dem Antrieb konnte man wesentlicher einfacher die Drehbewegung ausführen.

Ein wesentlicher Schritt in der Entwicklung des Bohrverfahrens lag in der Entdeckung und in der Verwendung von metallischen Werkstoffen. Durch die Entdeckung wurde der Bohrer aus Metall gefertigt, weil sich das Werkzeug nicht so stark abnutzte als andere vergleichbare Werkstoffe. Robert Stock (1891) entwickelte den ersten Versuchsbohrer und nahm 1896 die Herstellung im größeren Umfang auf. Seit dem wurde das Werkzeug ständig weiterentwickelt und verbessert.

3.2 Bohrverfahren

Das Bohrverfahren ist ein spanendes Fertigungsverfahren und gliedert sich je nach Form der erzeugenden Oberfläche nach DIN 8589 in:

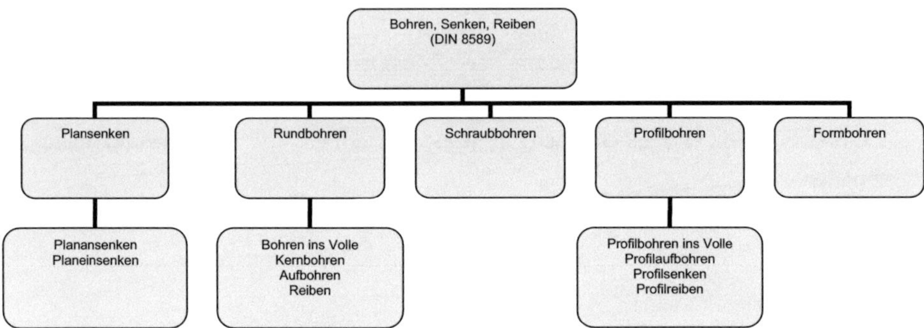

Plansenken: Drehbewegung zur rechtwinkligen Planfläche

Rundbohren: Bohrvorgang zum Erzeugen einer kreiszylindrischen, koaxial zur Drehachse der Schnittbewegung gelegenen Innenfläche

Schraubbohren: dient zur Erzeugung von Innenschraubflächen (z.B. Gewinden) – Vorschubgeschwindigkeit ist mit der Gewindesteigung identisch

Profilbohren: Verfahren zur Erzeugung rotationssymmetrischer Innenflächen, die durch das Hauptschneidenprofil des Werkzeugs bestimmt sind

Formbohren: Bohrverfahren mit gesteuerter Schnitt- bzw. Vorschubbewegung zur Erzeugung von Innenflächen, die von der kreiszylindrischen Form abweichen.[2]

Grundlegend stellt der Bohrvorgang eine Schruppzerspanung dar. Mit Hilfe von Reibwerkzeugen verfeinert man die Oberfläche und ermöglicht eine genauere Maßgenauigkeit. Mit Senkwerkzeugen werden geformte oder ebene Flächen durch die vorgegebene Form des Werkzeugs hergestellt.

---

[2] sinnlich entnommen: Fritz/Schulte: Fertigungstechnik

3.3 Bohrvorgang allgemein

Mit einer kreisförmigen Schnittbewegung unter Beeinflussung der Vorschub-bewegung führt das Werkzeug den Bohrvorgang aus. Durch den Vorschub dringen die Schneiden des Werkzeuges in das Werkstück ein.

Das Arbeitsergebnis wird wesentlich durch die Eingangsgrößen

1. Schnittgeschwindigkeit
2. Vorschub
3. Schneidstoff des Bohrers
4. Form sowie die
5. Kühlung

bestimmt. Die Wärmeentwicklung während des Bohrvorgangs wird durch die Kühlflüssigkeit und dem Werkstück selbst abgeführt. Durch die Kühlflüssigkeit wird außerdem die Reibung während des Bohrvorgangs wie auch der Verschleiß des Werkzeugs vermindert. Schneidstoff, Bohrerschneide und Werkstoff bestimmen im wesentlichen auch die Schnittgeschwindigkeit. Die erforderliche Drehzahl kann sowohl berechnet oder mit Hilfe einer Tabelle abgelesen werden. Der Vorschub des Bohrers hängt vor allem vom Bohrerdurchmesser, der Tiefe des zu bohrenden Loches und dem Bohrverfahren ab.

3.4 Bohrwerkzeuge

Der Spiralbohrer ist das am meisten angewendete Werkzeug beim Bohren „ins volle".

3.4.1 Schneidengeometrie beim Spiralbohrer

Grundform beim Bohren ist wie bei jedem Trennverfahren der Keil. An der Spitze des Bohrers befinden sich die Hauptschneiden. Am Schneidteil befinden sich die Nebenschneiden. Für die Führung des Bohrers sorgen die Führungsfasen. Die Größe des Spanwinkels wird durch den Seitenspanwinkel gebildet. Als Spitzenwinkel wird der Winkel zwischen den Hauptschneiden bezeichnet. Durch die „Hinterschleifung dieser Schneiden ergibt sich der Freiwinkel, der es erst möglich macht, in das Werkstück mit dem Bohrer einzudringen.

Da sich die Schneideigenschaften des Bohrers durch die Größe des Seitenspanwinkels sehr stark unterscheiden, unterteil man die Bohrer in 3 Bohrertypen.

- Typ N: normale Ausführung, für metallische Werkstoffe mit normaler Festigkeit und Härte, (Seitenspanwinkel 19-40°),
- Typ H: für harte und zäh-harte oder kurzspanende metallische Werkstoffe (Seitenspanwinkel 10-19°),
- Typ W: für weiche und zähe oder auch langspanende metallische Werkstoffe
- (Seitenspanwinkel 27-45°),

Als Werkstoffe für Bohrer verwendet man Schnellarbeitsstahl und Hartmetall.

Bei Werkstücken aus gehärtetem Stahl werden Bohrer mit Hartmetallschneiden eingesetzt. Um allgemein den Verschleiß zu verringern, werden Bohrer aus Schnellarbeitsstahl mit einer Titannitridschicht beschichtet. Diese Schicht verhindert eine zu große Wärmeübertragung auf das Werkzeug während des Bohrvorgangs.

3.4.2 Spezialbohrer

Für den unterrichtlichen Einsatz (Sekundarstufe) im Bereich der Metalltechnik sind zwei weitere Werkzeuge von besonderer Wichtigkeit:
a.) der Gewindebohrer
b.) der Senker

3.4.2.a Der Gewindebohrer

Für den unterrichtlichen Einsatz im Bereich der Metalltechnik ist der Gewindebohrer von Wichtigkeit. Innengewinde können sowohl maschinell wie auch manuell hergestellt werden. Für das Erstellen eines Innengewindes ist es zunächst erforderlich, Kernlöcher mit Hilfe der Bohrmaschine zu bohren.

Kernlochdurchmesser für metrische Gewinde können leicht aus Tabellen entnommen werden. Um den Gewindescheidvorgang zu verbessern, ist es außerdem erforderlich, dass Kernloch mit einem 90° Kegelsenker anzusenken. Möchte man ein Gewinde in einem Grundloch erstellen, bohrt man das Kernloch tiefer als das erforderliche Gewinde, da man bedingt aus der Form eines Gewindeschneiders nicht bis auf den Grund der Bohrung schneiden kann.

Beim manuellen Gewindeschneiden, dass eigentlich ausschließlich in der Schule zum Einsatz kommt, ist zu beachten, das der Gewindebohrer axial in das Kernloch eingeführt werden muss. Ein Gewindebohrersatz besteht aus 3 Teilen:

a.) *Vorschneider*

b.) *Mittelschneider*

c.) *Fertigschneider*

Folgerichtig, wie in der Auflistung, müssen die Bohrer mit Hilfe eines **Windeisens** eingesetzt werden. Beim Schneidvorgang ist Schneidöl zu verwenden.

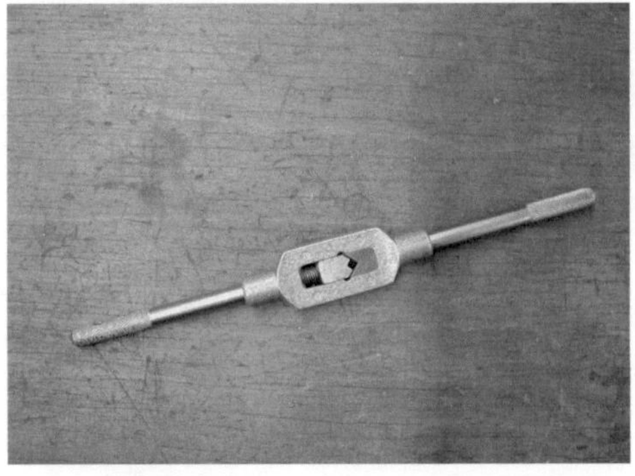

Abbildung 1: Das Windeisen (Bild wurde selbst gemacht)

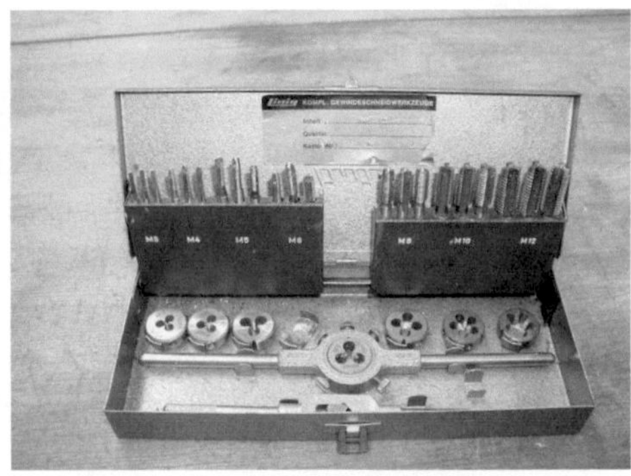

Abbildung 2: Gewindeschneidkasten
(für Innen- und Außengewinde)

3.4.2.b Der Senker

Unter Senken versteht man ein Bohrverfahren, mit deren Hilfe man senkrecht zur Drehachse liegende Profil- und Kegelflächen in bereits vorhandene Bohrungen herstellt.

Senken unterteilt sich in drei wesentliche Verfahren:

a.) *Planansenken* – hierbei werden hervorstehende, ebene Flächen erzeugt (z. B. Auflageflächen)

b.) *Planeinsenken* – hierbei werden vertiefte, ebene Flächen erzeugt (z. B. Einsenkungen für den Kopf einer Zylinderschraube)

c.) *Profilsenken* – hierbei werden kegelige, profilierte Senkungen erzeugt (z. B. Einsenkung für den Kopf einer Senkschraube)

Der Freiwinkel bei Senkern ist kleiner als bei Bohren. Durch das Aufstützen auf der Senkfläche erhält man eine Oberfläche ohne „Rattermarken". Zu beachten ist, dass beim Senken wesentlich kleinere Schnittgeschwindigkeiten anliegen dürfen. Der Vorschub während des Senkens kann höher als beim Bohren sein.

Als Material für Senkbohrer verwendet man Schnellarbeitsstähle. Auch können diese mit Hartmetallschneideplatten ausgestattet sein um den Verschleiß in Grenzen zu halten.

Für den unterrichtlichen Einsatz ist es lediglich notwendig, den Kegelsenker zu kennen, da dieser Profile für Schrauben- und Nietverbindungen erstellt.

Auch wird er zum entgraten von neu erstellten Bohrungen eingesetzt. Kegelsenker der Form B setzt man bei Entgratungsarbeiten ein. Bei der Form C ist es besser möglich die Späne spiralförmig durch die größere Nut abzuführen. Deshalb setzt man diese bei tieferen Senkungen ein.

4. Umsetzung in der Schule

In diesem Abschnitt werden kurz die Gründe thematisiert, warum das Bohren als Thema im Technikunterricht eingesetzt werden soll.

Die Antwort kann schnell in den *Rahmenrichtlinien* für das *Fach Technik* gefunden werden. Da heißt es [...] viele Schülerinnen und Schüler haben bereits Erfahrungen im Umgang mit Heimwerker- und Haushaltsmaschinen, können aber damit verbunden ***Unfallgefahren*** oftmals nicht einschätzen [...][3]. Im Umgang mit der Bohrmaschine üben die Schüler den ***sicheren*** Umgang mit der Maschine. Durch den Einsatz von Maschinen soll ihnen verdeutlicht werden, wie bedeutsam die Maschine auch im Hinblick auf die zu erzielenden Arbeitsergebnisse ist.

4.1 Sicherheitsrichtlinien beim Umgang mit der Bohrmaschine

Um eine sichere Handhabung mit der Maschine zu gewährleisten, ist es unabdingbar sich mit den Sicherheitsrichtlinien zu befassen.

Beim Umgang mit der Bohrmaschine müssen folgende Sicherheitsrichtlinien beachtet werden:

Zunächst müssen alle Ringe, Uhren und Schmuck abgelegt werden. Lange Haare müssen eingebunden werden. Benutzt werden darf die Bohrmaschine nur, wenn die Kleidung auch eng anliegend ist. (z. B. Schals müssen abgelegt werden und offene Hemden müssen geschlossen werden)

Kleine Werkstücke werden immer im Schraubstock fixiert, um ein Mitdrehen und daraus resultierende Verletzungen zu vermeiden. Beim Bestücken der Bohrmaschine mit dem Bohrer ist darauf zu achten, dass der Bohrer bis zum Anschlag und gerade im Bohrfutter befestigt wird. Der Spannschlüssel muss nach dem festziehen sofort

---

[3] vgl RRL TE9, HS – Sicheres Arbeiten an Maschinen

vom Bohrfutter entfernt werden, wenn es sich nicht um ein Schnellspannbohrfutter handelt. Des Weiteren empfiehlt es sich, bei spröden Material eine Schutzbrille bei der Bearbeitung zu tragen. Ist der Bohrvorgang beendet, wir die Maschine abgeschaltet (ggf. wird der Stecker gezogen) und die entstandene Späne mit Hilfe von Pinseln, Bürsten o. ä. entfernt.

5. Schlusswort

Allgemein werden Bohrmaschinen nicht nur ausschließlich im Beruf und in der Schule eingesetzt. Ihre Anwendung liegt ebenso im Freizeitbereich. Somit liegt das Bohren im direkten Alltagsbezug der Schülerinnen und Schüler, wie Wolfgang Klafki ihn unter anderem in seiner didaktischen Analyse fordert. Die Schülerinnen und Schüler werden durch diesen Bezug zum selbstständigen Denken im Hinblick auf den sicheren Umgang mit der Maschine angeregt und übertragen die erworbenen Fachkenntnisse und Fertigkeiten durch den Unterricht in ihr privates Leben. Dieser Transfer - in das private Leben- ist die Grundlage für eine Erziehung zum bewussten Umgang mit Maschinen auch außerhalb der Schule und sichert auch Kenntnisse und Fertigkeiten für das spätere Berufsleben.

6. Quellenverzeichnis

Blume (1975): Einführung in die Fertigungstechnik. 5. Auflage VEB Verlag Technik Berlin

Braun, Christof (1999): Fachkenntnisse Metall – Industriemechaniker. 1. Auflage – Verlag Handwerk und Technik

Braun, H (1999): Fachkunde Metall. 53. überarbeitete Auflage; Verlag Europa Lehrmittel, Haan Gruiten

Fritz/ Schulte (1990): Fertigungstechnik. 2. erweiterte Auflage. VDI – Verlag

Heinzler, Max (1997): Tabellenbuch Metall. 40. überarbeitete Auflage; Verlag Europa Lehrmittel Haan Gruiten

Niedersächsisches Kultusministerium (1997): Rahmenrichtlinien für die Hauptschule. Arbeit/Wirtschaft – Technik. Schroedel Verlag

Reichard (1983): Fertigungstechnik (1), Verlag Handwerk und Technik

Spur, G.; Stöferle, Th. (1979): Handbuch der Fertigungstechnik. Band 3/1 Spanen. Carl Hanser Verlag München